AF312100

GUIDE

Pour la Conduite et l'Entretien

DES

MACHINES A VAPEUR

LOCOMOBILES & DEMI-FIXES

Construites par la

MAISON F. CALLA

CHALIGNY, GUYOT-SIONNEST & Cie,

Successeurs.

PARIS

54, rue Philippe-de-Girard, 54

ANCIENNE RUE DE CHABROL-CHAPELLE, ANCIEN N° 20

1865

LOCOMOBILE-CALLA.

INSTRUCTION
SUR LA CONDUITE ET L'ENTRETIEN
DES
LOCOMOBILES-CALLA

CHAPITRE Ier
DE LA MISE EN MARCHE

INSTALLATION

Dans le choix de l'emplacement occupé par la machine, on n'a d'autre soin à prendre que de réserver du côté de la boîte à fumée la place nécessaire pour le nettoyage des tubes, c'est-à-dire un espace d'une longueur à peu près égale à celle du corps cylindrique de la chaudière. Devant le foyer, on ménage un espace libre de $1^m,50$ environ de profondeur pour le chauffeur. Autant que possible, les alentours de la machine doivent être facilement abordables.

On doit éviter de placer la machine entre deux baies ouvertes ; les courants d'air froid qui en résultent, circulant dans les tubes lors de l'ouverture de la porte du foyer, refroidissent et contractent les bagues, et produisent quelquefois des suintements.

Si le sol est peu résistant, on fait reposer la machine sur deux madriers assez longs pour qu'ils supportent chacun les deux roues d'un même côté.

On place la machine aussi horizontalement que possible ; s'il y a inclinaison, elle devra pencher sur le foyer. Puis on cale chaque roue avec deux morceaux de bois en forme de coin.

On fixe la poulie de commande sur l'arbre de la locomobile, non loin du

palier, afin de diminuer le porte à faux,
et l'on s'arrange pour que le plan de
cette poulie soit dans le prolongement
de celui de la poulie commandée, afin
que la courroie **ne s'échappe pas.**

Il faut rappeler à ce sujet qu'une
courroie tend toujours à sortir du côté
où elle éprouve le plus de tension.

On relève la cheminée sur sa char-
nière et on la fixe avec les boulons qui
y sont adaptés à cet usage.

REMPLISSAGE DE LA CHAUDIÈRE

Pour remplir d'eau la chaudière, on
ouvre la **tubulure à eau,** placée à
droite de la boîte à feu, en enlevant
l'écrou qui retient le bouchon. On ouvre
également, pour laisser sortir l'air, le
robinet de jauge supérieur. Avec
une pompe ou à l'aide d'un entonnoir

ordinaire, on verse l'eau jusqu'à ce que le niveau soit monté dans le tube de cristal à la hauteur de la baguette en cuivre. On refermera alors la tubulure en refaisant le joint du bouchon.

ALLUMAGE DU FEU

On allume le feu avec des copeaux et du menu bois, puis on ajoute le combustible qu'on doit employer couramment.

Il ne faut qu'une demi-heure ou trois quarts d'heure au plus pour faire monter la pression à 5 atmosphères.

MISE EN MARCHE

Préalablement **on remplit tous les godets graisseurs d'huile;** on en verse dans les trous des presse-étoupes, pour humecter les parties frottantes.

On veille à ce qu'aucun objet étran-

ger n'embarrasse le jeu des organes de la machine.

On ouvre les deux robinets purgeurs du cylindre pour fournir une facile sortie à la vapeur condensée dans le cylindre. Quand même on n'aurait arrêté la machine que quelques minutes, on doit prendre ce soin pour re-mettre en marche.

On fait tourner l'arbre, et on amène la **tête de piston** au premier tiers de sa course sur les glissières, afin de met-tre le piston dans la position la plus favorable à l'action énergique de la vapeur.

Enfin on met en train en tournant le petit **volant à main,** placé au-dessus de la **devanture** de la chaudière, dans le sens indiqué par la flèche suivie de la lettre *O* (ouverte). On ouvre ainsi la **prise de vapeur.**

CHAPITRE II
CONDUITE DURANT LA MARCHE

—

CONDUITE DU FEU

1° **Combustible.** — *Le feu devra être clair et conduit régulièrement.*

Il est avantageux de fournir le combustible très-fréquemment et en petite quantité chaque fois ; cela maintient son intensité constante. Avec le **tisonnier-crochet**, on dégage le dessous des barreaux quand on voit peu de clarté dans le cendrier ; les cendres seront retirées de temps en temps.

On enlève le mâchefer par la porte du foyer, à l'aide de la petite **pelle à feu** à manche de fer. Cette opération s'effectue en deux fois, si la pression descend trop vite. On ne doit la faire que lorsque le feu est bien ardent.

Le combustible donnant le meilleur rendement est la houille qui contient 35 à 45 pour 0/0 de gailleterie.

Si le combustible est de la **houille**, le lit doit toujours être mince et clair; son épaisseur est de 8 à 10 centimètres.

Si le combustible est du **coke**, il faut une épaisseur de 12 à 15 centimètres.

Avec de la **tourbe**, l'épaisseur du lit de combustible est de 15 à 20 centimètres.

Avec le **bois**, 30 à 40 centimètres.

En usant d'un foyer spécial, en briques, d'une construction très-simple, à installer après la mise en place de la machine, on peut ne brûler absolument que de la **sciure**.

MM. Chaligny, Guyot-Sionnest et Cie recommandent à qui de droit ce foyer qui a toujours donné d'excellents résultats.

2° **Nettoyage des tubes**. — Tous les jours on doit ramoner les tubes de la chaudière avec la brosse ou **écouvillon**, passée par la boîte à fumée. Si le charbon est gras, ou si le combustible est léger, comme la sciure, on devra faire cette opération plusieurs fois par jour. Elle n'exige pas l'arrêt de la machine.

3° **Tirage**. — Le tirage se règle par la porte du cendrier; en l'ouvrant plus ou moins on active plus ou moins le feu.

CONDUITE DU MÉCANISME

1° **Graissage**. — Les meilleures huiles mécaniques sont en première ligne les huiles de pieds de bœuf, puis celles d'olive ou les huiles animales bien épurées et pas trop fluides. Les huiles minérales, généralement mal préparées, doivent être rejetées.

Pour éviter l'échauffement et le grippement des pièces, il importe de maintenir toujours lubréfiées d'huile les pièces frottantes. A cet effet, partout où il y a une pièce qui glisse sur une autre, on a ménagé un récipient à huile, ou percé un trou pour son introduction.

Les **godets graisseurs** doivent contenir une mèche de coton qui déverse goutte à goutte l'huile sur la pièce à graisser, en faisant siphon du réservoir d'huile dans le trou central.

Le **vase graisseur du cylindre** a une disposition particulière à cause de la tension de la vapeur avec laquelle il est en contact ; il porte **2** robinets. Pour effectuer le graissage, on ferme le robinet inférieur et on ouvre le supérieur ; puis on verse l'huile dans l'entonnoir supérieur ; lorsqu'il est plein, on ferme le robinet supérieur et l'on ouvre le robinet inférieur ; alors l'huile passe sur le piston. On renouvelle cette opération toutes les fois que l'on croit devoir graisser.

Les **vases graisseurs** de la bielle et des colliers portent un clapet dont on règle la hauteur au dessus de l'orifice d'écoulement en tournant une petite clef intérieure ; on lèvera plus ou moins ce clapet suivant la quantité d'huile que l'on veut fournir.

Sur les **presse-étoupes** on a percé des trous qui servent à introduire de l'huile sur les garnitures.

Il est bon, toutes les heures, d'examiner ces divers récipients à huile pour que jamais ils ne se vident et ne laissent les organes secs.

Dans les premiers jours de marche surtout on doit graisser abondamment.

On reconnaît ordinairement qu'une pièce **grippe** au sifflement strident qu'elle fait entendre ou à son échauffement.

2° **Serrage.** — Au bout d'un certain temps les organes peuvent s'user : alors il se fait du jeu.

On reconnaît qu'il y a du jeu : dans une tige comme la bielle; en mettant la main dessus, on sent un petit choc ; en écoutant attentivement on peut en percevoir le bruit ;

Dans un **coussinet** ou un **collier**; en examinant le trait de séparation des

2 coussinets ou des **2** colliers ; on le voit, à chaque tour complet de l'arbre, s'élargir et se fermer.

Dans ces différents cas il faut **resserrer** : sur la bielle à l'aide des clavettes ; sur les coussinets de bâti à l'aide des vis de pression et des chapeaux de paliers ; sur les colliers à l'aide des écrous.

Quelquefois il y a au contraire trop de serrage, ce que l'on constate par l'échauffement des pièces. Il faut alors agir inversement sur ces divers organes.

3° **Vitesse.** — Au moyen du volant à main de la prise de vapeur, on règle la marche de la machine suivant le travail qu'elle a à faire en lui conservant sa vitesse normale.

La vitesse normale propre à chaque type est indiquée dans le tableau suivant :

2 CHEV.	3-4 CH.	6-8 CH.	10-12 CH.	15-18 CH.	20-25 CH.
130 à 125	125 à 120	115 à 110	110 à 105	95 à 90	110 à 105

ALIMENTATION DE L'EAU

1° **Amorçage de la pompe.** — La **pompe alimentaire** doit être munie de son tuyau d'aspiration, et la pomme d'arrosoir doit plonger dans un bac plein d'eau.

Lorsqu'on veut alimenter, on ouvre le **robinet d'aspiration** fixé au haut du tuyau d'aspiration.

Mais quelquefois la pompe ne s'amorce pas du premier coup ; on peut recommencer à ouvrir à l'instant où le piston est au plus bas de sa course.

Si cela ne réussit pas, on ferme le robinet d'aspiration et on ouvre le petit

robinet d'épreuve dont on plonge le bec dans un vase rempli d'eau fraîche.

Si cela ne suffisait pas encore, ayant refermé les 2 robinets d'aspiration et de purge, on dévisserait le bouchon placé au-dessus du clapet d'aspiration et on verserait dans le corps de pompe même de l'eau, puis on replacerait le bouchon avant la remise en marche.

2º **Conduite de la pompe.** — Le **robinet d'introduction** d'eau dans la chaudière doit toujours être ouvert; on ne le ferme que lorsqu'on veut isoler la pompe et ses tuyaux de la chaudière.

On ne devra jamais fermer le robinet d'introduction avant le robinet d'aspiration.

Autant que possible on doit **régler l'alimentation de façon qu'elle soit continue.** Suivant la consommation en vapeur, on ouvre plus ou moins le robinet d'aspiration.

3° **Niveau constant de l'eau dans la chaudière**. — *Il faut que le niveau de l'eau se mantienne à la même hauteur au milieu du tube de cristal.*

Les deux **robinets de jauge** placés sur le devant de la chaudière ont pour objet de confirmer les indications du tube de cristal, ou d'y suppléer s'il manquait. Le robinet inférieur doit toujours fournir de l'eau, le robinet supérieur de la vapeur.

L'axe de la bride inférieure du niveau d'eau correspond au ciel du foyer, le robinet de jauge inférieur est 4 centimètres au-dessus, la baguette en cuivre indicatrice du niveau normal de l'eau est 10 centimètres au-dessus du ciel du foyer.

Lorsque le tube de cristal s'encrasse de dépôts, on le nettoie en y faisant circuler un courant de vapeur ; pour cela il suffit d'ouvrir le **petit robinet purgeur** attaché au-dessous de la bride inférieure.

Si, par une cause quelconque, le verre venait à casser, il n'y aurait là aucune raison de s'effrayer. S'entourant la main d'un chiffon trempé dans l'eau froide, on ferme les deux robinets de communication avec la chaudière pour arrêter l'échappement. Pendant la marche même de la machine, on peut replacer un tube de rechange et faire les garnitures.

Pour le cas où un chauffeur négligent laisserait trop descendre le niveau d'eau, on a disposé un **tampon fusible** en plomb maté au marteau. Si le ciel du foyer est à découvert, le plomb fond et la vapeur est projetée dans le foyer où elle éteint le feu. Alors il suffit de laisser refroidir la chaudière, d'ouvrir le trou d'homme et de remater un autre bouchon conique en plomb ; puis on remettra de l'eau en quantité suffisante dans la chaudière, et on pourra la remettre en marche, si toutefois la tôle n'a pas reçu de coup de feu, ce qui est généralement indiqué par un boursoufflement.

PRESSION

1° **Pression constante.** — Quel que soit le travail de la machine , il est avantageux de marcher constamment sous une pression de 5 à 5 atmosphères 1/4.

2° **Moyens d'action sur la pression.** — On dispose de deux moyens pour agir sur la pression : l'alimentation d'eau et le feu.

1° En alimentant abondamment d'eau froide, on abaisse la pression en refroidissant l'eau de la chaudière.

Et inversement en alimentant peu.

2° En activant le feu, c'est-à-dire en le remuant pour le rendre plus brillant, et en ouvrant la porte du cendrier pour stimuler le tirage, on augmente la pression en élevant la température.

Et inversement si on laisse noircir le feu et si on ferme la porte du cendrier.

CHAPITRE III

ARRÊT

On arrête la machine en tournant le petit volant à main de la prise de vapeur, dans le sens de la fermeture, marqué par l'index.

Si on veut abaisser rapidement la pression, on jette le feu dehors ; avec une cale on soulève d'un demi-centimètre les leviers des soupapes de sûreté, ou on ouvre les deux robinets de jauge.

Si au contraire on n'arrête que pour quelques heures ou pour la nuit seulement, on jette encore le feu dehors, mais on a le soin de tenir toutes les ouvertures bien closes, afin de conserver le plus de chaleur possible.

CHAPITRE IV

ENTRETIEN

LAVAGE DE LA CHAUDIÈRE

Le nettoyage de l'intérieur de la chaudière doit se faire une fois ou deux par mois, quelquefois même plus souvent encore, suivant la pureté et la douceur de l'eau d'alimentation.

Ce nettoyage exige le démontage de tous les joints, savoir : le **trou d'homme**, les **tampons de lavage** placés au bas du foyer et ceux de la boîte à fumée.

On lave la chaudière en injectant de l'eau avec une petite pompe à main, et on enlève les dépôts boueux et sablonneux avec le grattoir ou à la main.

On doit passer la mèche du vilbrequin dans la tubulure du robinet d'introduction, afin qu'elle ne s'engorge pas et que l'eau refoulée ne crève pas le tuyau d'alimentation.

Les joints devront être refaits avec soin après chaque nettoyage.

VISITE DU MÉCANISME

On profite de l'arrêt de la machine pour visiter les organes du mécanisme, les nettoyer, refaire les garnitures brûlées, redonner du serrage, etc.

De temps en temps on dévissera les bouchons placés au-dessus des clapets d'aspiration et de refoulement, et on nettoiera avec soin les clapets et leurs siéges.

MOYENS D'EMPÊCHER LES INCRUSTATIONS

1° **Emploi de la résine de Campêche.** — Si l'eau employée à l'alimentation est **crue**, c'est-à-dire impropre au savonnage, pour éviter la formation des dépôts solides, on ajoute après chaque nettoyage 1/2 kilogramme de **résine de bois de Campêche** par 1 cheval-vapeur de force, ou une autre substance désincrustante. On introduit la matière par le trou d'homme en prenant le soin de la bien répartir dans la masse de l'eau.

2° **Emploi du carbonate de Soude.** — Si l'eau d'alimentation est sulfatée, provenant de terrain riche en pierre à plâtre, l'usage du **carbonate de soude** est avantageux. On dissout ce sel dans un seau d'eau et on le verse par le trou d'homme.

3° **Extractions journalières.** — Si la chaudière est alimentée avec de l'eau bourbeuse, on peut tous les soirs vider en partie la chaudière au moyen du gros **robinet de vidange** placé sur la droite, au bas du foyer. Pour cela, on alimente fortement, afin d'élever le niveau plus haut qu'à l'ordinaire et on enlève l'excédant par le robinet de vidange. Il est bon de faire cette opération sous pression un peu forte, 4 atmosphères environ, pour rendre le lavage plus énergique, et 10 minutes environ après l'arrêt de la machine, pour laisser le temps aux matières en suspension de s'amasser au fond de la chaudière.

GRAISSAGE DU MÉCANISME.

Lorsqu'on prévoit que l'arrêt de la machine sera prolongé, on lubréfie de graisse toutes les pièces du mécanisme susceptibles de se rouiller. Le jour où l'on remet en marche, quand ces pièces sont échauffées, on nettoie avec un chiffon cette graisse qui laisse le mécanisme intact.

Si par une cause quelconque la rouille avait atteint le fer, il suffit de graisser la pièce et de frotter avec un papier d'émeri fin, autant que possible quand elle est échauffée par la marche de la machine.

Si la locomobile est à l'air extérieur, il faut la couvrir toutes les nuits d'une toile goudronnée pour éviter le dépôt de la rosée.

Enfin, lorsqu'on veut remiser pour très-longtemps une machine, on fait bien de blanchir toutes les pièces avec la composition suivante : on fait fondre du suif au feu ; lorsqu'il commence à se liquéfier, on y verse de la céruse que l'on mélange intimement en agitant avec un pinceau ; on mêle ainsi 300 grammes de céruse avec 2 kilogrammes de suif environ ; aussitôt le mélange obtenu, sans laisser trop chauffer, on l'étend sur les pièces polies de la machine à l'aide d'un pinceau. Lorsque cet enduit s'épaissit par le refroidissement, on le chauffe à nouveau.

CHAPITRE V

RÉPARATIONS

Les opérations qui suivent sont d'une grande facilité d'exécution ; il suffit de les avoir faites une fois pour les répéter avec succès. La description qui est longue ne doit pas effrayer.

FAIRE UNE GARNITURE

1° **Bouchon de robinetterie vissé.** — Il suffit de prendre quelques brins de filasse de chanvre que l'on enroule sur les premiers filets de la vis à la naissance de la tête ; en vissant on pressera sur ce petit bourrelet qui étanchera hermétiquement toute fuite.

2° **Presse-étoupe** (*de la tige du piston, ou de la distribution de vapeur.*)

On prend de la filasse de chanvre en

quantité proportionnée à la capacité de la boite à étoupe ; on la nettoie des pailles en l'effilant en une mèche ayant autant que possible la même épaisseur dans toute sa longueur ; on lubréfie la mèche en la frottant avec un morceau de graisse ou de suif ; on la plie en deux, et, contournant l'un sur l'autre les 2 brins, on en fait une sorte de corde. On arrête les deux extrémités avec un filament de chanvre que l'on noue dessus.

La **boîte à étoupe** ayant été préalablement nettoyée, on y introduit la tresse de filasse en la contournant autour de la tige du piston et en la poussant dans la boîte à mesure qu'on l'enroule. — Lorsque tout y est entré, on rapproche le presse-étoupe ou bouchon en ayant le soin de mettre le trou à l'huile

en l'air et de faire entrer les boulons
dans les oreilles correspondantes. A
l'aide des écrous que l'on revisse on
opère le serrage qui refoule la garniture, et met à l'abri de toute fuite de
vapeur.

Si après quelque temps de marche
une fuite se manifestait on resserrerait
le presse-étoupe, en agissant méthodi-
quement sur les écrous, pour ne pas le
faire pénétrer de biais.

3° **Presse-étoupe du papillon.** — On
prépare une mèche de filasse et on nettoie la boîte à étoupe comme précé-
demment; seulement au moment d'introduire la filasse on appuie sur la
tige dans sa longueur un fil de fer
rectiligne d'un à deux millimètres de
diamètre, et c'est sur lui et sur la tige
du papillon que l'on enroule la mèche.

Toute la mèche introduite, on retire le fil de fer, on rapproche le presse-étoupe et on opère le serrage en vissant les écrous. Cette précaution dans l'emploi du fil de fer a pour but d'éviter la trop grande compression de la garniture sur la tige du papillon, qui serait alors gênée dans son jeu si utile à la régularité de marche de la machine. On doit serrer légèrement le presse-étoupe et lubréfier de graisse la filasse.

Lorsque la garniture a séché, elle durcit et embarrasse le mouvement du papillon ; alors elle a besoin d'être renouvelée, ce qui arrive assez fréquemment.

Ces deux opérations, bien entendu, ne peuvent être faites que pendant l'arrêt de la machine.

4° **Changement d'un tube de cristal**.
— Les robinets de communication avec
la chaudière étant fermés, on enlève les
débris du tube cassé en dévissant les
écrous qui retiennent les extrémités.
On dévisse le bouchon placé au-dessus
de la bride supérieure, et par l'ouverture on introduit le tube de cristal que
l'on pousse jusqu'au redan ménagé dans
la bride inférieure ; on a le soin de l'y
maintenir à l'aide d'une cale en bois
que l'on arc-boute contre le bouchon
revissé.—Prenant de la filasse, on la nettoie et l'allonge en une mèche uniforme,
que l'on lubréfie comme pour les autres
garnitures ; seulement, comme la boîte
à étoupe est ici très-petite, on ne la tresse
pas, la tordant seulement sur elle-même
pour lui donner plus de corps ; on
enroule alors cette sorte de ficelle

autour du tube et on la fait glisser dans la boîte à étoupe de la bride inférieure ; puis on rapproche le presse-étoupe annulaire et on le serre en vissant l'écrou correspondant.

Dans cette opération on doit veiller à ce que la filasse ne déborde pas au-dessous du tube, car elle boucherait le trou d'entrée de l'eau.

Dans tous les cas, lorsque, voulant dégager une obstruction, on introduit une tige, il ne faut pas se servir de fil de fer qui refroidit subitement le verre et le casse ; on prendra une baguette de bois.

La garniture supérieure s'exécute comme l'inférieure. Ces garnitures achevées on enlève la cale, on resserre le bouchon en le garnissant d'un fil de chanvre, comme il a été dit plus haut, et on peut introduire l'eau en ouvrant les robinets de communication avec la chaudière.

Les petits bouchons latéraux servent à visiter les trous des robinets dans le cas où ils se boucheraient.

5° **Raccord d'un tube** (*tubes purgeurs ou tuyaux d'alimentation*). — Il s'agit ici de laisser libre le trou où circule de l'eau ou de la vapeur. Pour cela on prépare et lubréfie de suif une mèche de filasse, comme d'ordinaire, puis on en fait un anneau, ou **rondelle** fermée, du même diamètre que le **collet** du tube. On enroule les bouts de la mèche sur la rondelle, de façon à l'empêcher de s'éfiler quand elle sera pressée et d'obstruer le tuyau de ses filaments. On pose la rondelle de filasse sur le collet du tube engagé dans l'**écrou de raccord**, que l'on rapporte vis-à-vis du filetage ; on visse l'écrou qui serre la garniture et maintient le joint.

FAIRE UN JOINT

1° **Préparation du mastic.** — La **céruse** est une matière blanche.

On la maintient molle en versant à sa surface un peu d'eau.

Si elle avait durci, on la ramollirait en la battant.

Le **minium** est une poudre rouge.

L'un et l'autre se trouvent chez tous les marchands de couleurs.

On prend environ la valeur d'une livre de minium qu'on étale sur une plaque (de fonte par exemple). On prend à peu près le même poids de céruse qu'on verse au milieu du minium ; on rejette celui-ci dessus, et à la main ou avec un couteau, on le fait pénétrer dans la masse de céruse. On pétrit et on commence à battre pour continuer le mélange. On bat avec un bout de bois de 30 à 35 centimètres de long assez lisse pour que le mastic ne s'attache pas après. On étale et rassemble tour à tour la masse et on pétrit à la main comme une pâte.

Il faut trois quarts d'heure environ pour préparer 1 kilogramme de mastic de minium.

Le **mastic** doit être pétrissable ; il ne doit pas coller aux doigts, sans être pour cela sec ; ne doit pas gercer quand on l'écrase, ni se déchirer quand on le ploie ; quand on le replie, il doit se souder sans rester feuilleté.

Or, à mesure que l'on bat, on ajoute

de la céruse ou du minium selon son apparence, en se rappelant que le minium tend à faire gercer le mastic et que la céruse tend à le rendre collant.

D'autre part, le battage l'amollit et l'empêche de se feuilleter en le rendant plus homogène.

Il ne faut pas battre plus d'un·kilogramme de mastic à la fois; cela rend le pétrissage plus sûr.

Préparé, on le conserve dans l'eau, et si au moment de s'en servir il était un peu dur, on le battrait.

2° Bouchon de regard. — On nettoie bien les surfaces de joint. On enduit le siége du bouchon de céruse qui sert à faire adhérer le mastic rouge au métal. Avec du mastic on fait, à la main, un boudin que l'on colle dans l'angle du siége du bouchon. Dessus on applique une mèche de chanvre à laquelle on fait faire plusieurs tours. On fait en sorte que le bout ne s'échappe pas. On rabat sur la filasse le mastic rouge, de façon à la cacher.

Puis on enduit de céruse les bords du regard sur lesquels on rapporte le bouchon. En vissant l'écrou, on écrase le joint aussi énergiquement que possible.

3° **Sur une surface plane** (*fond de cylindre, pièces rapportées sur la chaudière, etc.*). — Les surfaces qui doivent être en contact sont ordinairement dressées, et on y a quelquefois ménagé des rainures qui, en arrêtant le mastic, assurent le joint.

On nettoie bien les surfaces, on les enduit de céruse et on dispose autour de l'évidement un bourrelet de mastic gros comme le doigt, en dedans des boulons de serrage , à **5** ou **6** millimètres du bord intérieur ; dessus on applique une mèche de filasse qu'on cache sous le mastic rabattu , et on rapporte la pièce à fixer que l'on serre énergiquement à l'aide des écrous. Le mastic s'écrase et fait joint.

RODAGE

1° D'un robinet. — Sur la **clef** du robinet, bien nettoyée, on jette de la poudre très-fine telle que du tripoli, de la pierre ponce pilée, du sable passé très-fin, ou même de la brique broyée. Cette dernière poudre, facile à trouver partout, est obtenue en frottant deux briques l'une contre l'autre.

On fait entrer la clef dans le **boisseau** et on commence à roder en tournant la clef par petits mouvements alternatifs, tout en faisant légèrement sortir et rentrer la clef. Il ne faut pas faire tourner la clef en la maintenant toujours à la même profondeur dans le boisseau, car les grains de la poudre, en restant sur le même cercle, rayeraient sans polir.

Lorsqu'on retire la clef, on la lave, et on voit par le polissage obtenu quelles sont les parties qui frottent. On ne remet du sable que sur celles-ci jusqu'à ce que, le polissage s'élargissant, toute la clef soit entièrement brillante : c'est que la clef porte tout entière sur son siége. Alors on lave avec soin la clef et le boisseau, et avant de fixer la clef à sa place, on la graisse légèrement pour rendre le frottement plus doux.

2° D'un clapet. — On opère de la même façon en jetant de la poudre sur le siége du clapet, en faisant tourner celui-ci à l'aide d'un tournevis qui pénètre dans la rainure ménagée à cet effet au haut de son axe.

Le rodage est un travail de patience.

REMPLACER
UN TUBE DE LA CHAUDIÈRE

1° **Retirer un tube.** — On commence par couper au burin, en y faisant une saignée, la **bague** ou **virole** qui fixe l'extrémité du tube dans la boîte à fumée. Puis, en faisant passer le burin entre elle et le tube, on la resserre et l'écrase ; alors elle est facile à retirer.

On opère de même sur la bague du foyer, puis on amincit et écrase les deux bouts du tube, et on pousse celui-ci par le foyer vers la boîte à fumée à coups de marteau. Pour rendre la sortie plus facile, les trous de la boîte à fumée sont plus grands que ceux du foyer.

2° **Remettre un tube.** — On introduit le tube par le trou de la boîte à fumée et on le glisse dans le trou correspondant du foyer ; on mesure sur place la longueur qu'il doit avoir en le laissant dépasser de 4 millimètres au moins de chaque bout. On le retire pour le couper avec une scie à métal.

Puis l'ayant mis dans sa position définitive, on le fixe avec des **mandrins** ou tiges de fer coniques, dont le diamètre moyen est égal à celui du tube. On les fait entrer de force à coups de marteau ; cela dilate le tube et le fait adhérer hermétiquement sur le trou de la tôle.

On retire le mandrin de la boîte à fumée et on le remplace par une **bague** conique. On enfonce celle-ci à l'aide d'un maillet ou plus commodément à l'aide d'un mandrin à redan annulaire sur lequel on frappe à coups de marteau pour pousser en avant la bague.

On répète sur la plaque tubulaire du foyer cette double opération.

Si une fuite se manifestait on enfoncerait davantage la bague qui, étant conique, écarterait davantage le tube et fermerait toute fissure.

PIÈCES DE RECHANGE

En vue des accidents que peut provoquer la négligence des chauffeurs et pour éviter tout chômage à leurs clients, MM. Chaligny, Guyot-Sionnest et Cie tiennent en magasin, **prêtes à être livrées immédiatement,** des pièces de rechange calibrées et pouvant **s'appli-**

quer exactement à la place des organes détériorés.

La lettre de commande doit indiquer la nature de la pièce, la force et autant que possible le numéro de fabrication de la machine. Par le retour du courrier la pièce de rechange parviendra au client.

RÈGLEMENTS DE POLICE

SUR LES

MACHINES A VAPEUR

MM. Chaligny, Guyot-Sionnest et Cie croient être utiles à leur clientèle en rappelant ici les dispositions relatives à l'installation et à la conduite des machines à vapeur, d'après le décret du 25 janvier 1865.

TITRE I.

Dispositions relatives à la fabrication, à la vente et à l'usage des chaudières fermées produisant la vapeur.

Art. 2. Aucune chaudière neuve ou ayant déjà servi ne peut être livrée par celui qui l'a construite, réparée ou vendue, qu'après avoir subi l'épreuve prescrite ci-après.

Cette épreuve est faite chez le constructeur ou chez le vendeur, sur sa demande, sous la direction des ingénieurs des mines ou, à leur défaut, des ingénieurs des ponts et chaussées ou les agents sous leurs ordres.

Les épreuves des chaudières venant de l'étranger sont faites avant la mise en service, au lieu désigné par le destinataire dans sa demande.

ART. 3. L'épreuve consiste à soumettre la chaudière à une pression effective double de celle qui ne doit pas être dépassée dans le service, toutes les fois que celle-ci est comprise entre un demikilogramme et 6 kilogrammes par centimètre carré inclusivement.

La surcharge d'épreuve est constante et égale à un demi-kilogramme par centimètre carré pour les pressions inférieures, et à 6 kilogrammes par centimètre carré pour les pressions supérieures aux limites ci-dessus.

L'épreuve est faite par pression hydraulique.

La pression est maintenue pendant le temps nécessaire à l'examen de toutes les parties de la chaudière.

ART. 4. Après qu'une chaudière ou partie de chaudière a été éprouvée avec succès, il y est apposé un timbre indiquant en kilogrammes par centimètre carré la pression effective que la vapeur ne doit pas dépasser. Les timbres sont placés de manière à être toujours apparents après la mise en place de la chaudière.

Ils sont poinçonnés par l'agent chargé d'assister à l'épreuve.

ART. 5. Chaque chaudière est munie de deux soupapes de sûreté chargées de manière à laisser la vapeur s'écouler avant que sa pression effective atteigne ou tout au moins dès qu'elle atteint la limite maximum indiquée par le timbre dont il est fait mention à l'article précédent.

Chacune des soupapes offre une section suffisante pour maintenir à elle seule, quelle que soit l'activité du feu, la vapeur dans la chaudière à un degré de pression qui n'excède dans aucun cas la limite ci-dessus.

Le constructeur est libre de répartir, s'il le préfère, la section totale d'écoulement nécessaire des deux soupapes réglementaires entre un plus grand nombre de soupapes.

ART. 6. Toute chaudière est munie d'un manomètre en bon état, placé en vue du chauffeur, disposé et gradué de manière à indiquer la pression effective de la vapeur dans la chaudière. Une ligne très-apparente marque sur l'échelle le point que l'index ne doit pas dépasser.

Un seul manomètre peut servir pour plusieurs chaudières ayant un réservoir de vapeur commun.

Art. 7. Toute chaudière est munie d'un appareil d'alimentation d'une puissance suffisante et d'un effet certain.

Art. 8. Le niveau que l'eau doit avoir habituellement dans chaque chaudière doit dépasser d'un décimètre au moins la partie la plus élevée des carneaux, tubes ou conduits de la flamme et de la fumée dans le fourneau.

Ce niveau est indiqué par une ligne tracée d'une manière très-apparente sur les parties extérieures de la chaudière et sur le parement du fourneau.

La prescription énoncée au paragraphe 1er du présent article ne s'applique point :

1° Aux surchauffeurs de vapeur distincts de la chaudière ;

2° **A** des surfaces relativement peu étendues et placées de manière à ne jamais rougir, même lorsque le feu est poussé à son maximum d'activité, telles que la partie supérieure des plaques tubulaires des boîtes à fumée dans les chaudières de locomotives, ou encore telles que les tubes ou parties de cheminées qui traversent le réservoir de vapeur, en envoyant directement à la cheminée principale les produits de la combustion ;

3° Aux générateurs dits à production de vapeur instantanée, et à tous autres qui contiennent une trop petite quantité d'eau pour qu'une rupture puisse être dangereuse.

Le ministre de l'agriculture, du commerce et des travaux publics peut, en outre, sur le rapport des ingénieurs et l'avis du préfet, accorder dispense de ladite prescription dans tous les cas où, à raison soit de la forme ou de la faible dimension des générateurs, soit de la position spéciale des pièces contenant de la vapeur, il serait reconnu que la dispense ne peut pas avoir d'inconvénients.

Art. 9. Chaque chaudière est munie de deux appareils indicateurs du niveau de l'eau, indépendants l'un de l'autre et placés en vue du chauffeur.

L'un de ces deux indicateurs est un tube en verre disposé de manière à pouvoir être facilement nettoyé et remplacé au besoin.

TITRE II.

Dispositions relatives à l'établissement des chaudières à vapeur placées à demeure.

Art. 10. Les chaudières à vapeur destinées à être employées à demeure ne peuvent être établies qu'après une déclaration au préfet du département. Cette déclaration est enregistrée à sa date. Il en est donné acte.

Art. 11. La déclaration fait connaître :

1º Le nom et le domicile du vendeur des chaudières ou leur origine;

2º La commune et le lieu précis où elles sont établies ;

3° Leur forme, leur capacité et leur surface de chauffe ;

4° Le numéro du timbre exprimant en kilogrammes par centimètre carré la pression effective maximum sous laquelle elles doivent fonctionner ;

5° Enfin le genre d'industrie et l'usage auxquels elles sont destinées.

Art. 12. Les chaudières sont distinguées en trois catégories.

Cette classification est basée sur la capacité de la chaudière et sur la tension de la vapeur.

On exprime en mètres cubes la capacité de la chaudière avec ses tubes bouilleurs ou réchauffeurs, mais sans y comprendre les surchauffeurs de vapeurs ; on multiplie ce nombre par le numéro du timbre augmenté d'une unité. Les chaudières sont de la première catégorie quand le produit est plus grand que quinze ; dans la deuxième, si ce même produit surpasse cinq et n'excède pas quinze ; dans la troisième, s'il n'excède pas cinq.

Si plusieurs chaudières doivent fonctionner ensemble dans un même emplacement, et si elles ont entre elles une communication quelconque, directe ou indirecte, on prend, pour former le produit comme il vient d'être dit, la somme des capacités de ces chaudières.

ART. 13. Les chaudières comprises dans la première catégorie doivent être établies en dehors de toute maison et de tout atelier surmonté d'étages.

N'est point considérée comme un étage au-dessus de l'emplacement d'une chaudière une construction légère, dans laquelle les matières ne sont l'objet d'aucune élaboration nécessitant la présence d'employés ou ouvriers travaillant à poste fixe.

Dans ce cas, le local ainsi utilisé est séparé des ateliers contigus par un mur ne présentant que les passages nécessaires pour le service.

ART. 14. Il est interdit de placer une chaudière de première catégorie à moins de 3 mètres de distance du mur d'une maison d'habitation appartenant à des tiers.

Si la distance de la chaudière à la maison est plus grande que 3 mètres et moindre que 10 mètres, la chaudière doit être généralement installée de façon que son axe longitudinal prolongé ne rencontre pas le mur de ladite maison, ou que, s'il le rencontre, l'angle compris entre cet axe et le plan du mur soit inférieur au sixième d'un angle droit.

Dans le cas où la chaudière n'est pas installée dans les conditions ci-dessus, la maison doit être garantie par un mur de défense.

Ce mur, en bonne et solide maçonnerie, a 1 mètre au moins d'épaisseur en couronne. Il est distinct du parement du fourneau de la chaudière et du mur de la maison voisine, et est séparé de chacun d'eux par un intervalle libre de $0^m,30$ de largeur au moins.

Sa hauteur dépasse de 1 mètre la partie la plus élevée du corps de la chaudière, quand il est à une distance de celle-ci comprise entre $0^m,30$ et 3 mètres. Si la distance est plus grande que 3 mètres, l'excédant de hauteur est augmenté en proportion de la distance, sans toutefois excéder 20 mètres.

Enfin, la situation et la longueur du mur sont combinées de manière à couvrir la maison voisine dans toutes les parties qui se trouvent à la fois au-dessous de la crête dudit mur, d'après la hauteur fixée ci-dessus, et à une distance moindre que 10 mètres d'un point quelconque de la chaudière.

L'établissement d'une chaudière de première catégorie à la distance de 10 mètres ou plus des maisons d'habitation n'est assujetti à aucune condition particulière.

Les distances de 3 mètres et de 10 mètres fixées ci-dessus sont réduites respectivement à $1^m,50$ et 5 mètres, lorsque la chaudière est enterrée de façon que la partie supérieure de ladite chaudière se trouve à 1 mètre au moins en contre-bas du sol, du côté de la maison voisine.

ART. 15. Les chaudières comprises dans la deuxième catégorie peuvent être placées dans l'intérieur de tout atelier, pourvu que l'atelier ne fasse pas partie d'une maison habitée par des personnes autres que le manufacturier, sa famille et ses employés, ouvriers et serviteurs.

ART. 16. Les chaudières de troisième catégorie peuvent être établies dans un atelier quelconque, même lorsqu'il fait partie d'une maison habitée par des tiers.

Art. 17. Les fourneaux des chaudières comprises dans la deuxième et la troisième catégorie sont entièrement séparés des maisons d'habitation appartenant à des tiers ; l'espace vide est **de 1** mètre pour les chaudières de la deuxième catégorie, et de $0^m,50$ pour les chaudières de la troisième.

Art. 18. Les conditions d'emplacement établies par les articles 14 et 17 ci-dessus cessent d'être obligatoires, lorsque les tiers intéressés renoncent à s'en prévaloir.

Art. 19. Le foyer des chaudières de toute catégorie doit brûler sa fumée.

Un délai de six mois est accordé pour l'exécution de la disposition qui précède aux propriétaires de chaudières auxquels l'obligation de brûler leur fumée n'a point été imposée par l'acte d'autorisation.

Art. 20. Si, postérieurement à l'établissement d'une chaudière, un terrain contigu vient à être affecté à la construction d'une maison d'habitation, le propriétaire de ladite maison a le droit d'exiger l'exécution des mesures prescrites par les articles 14 et 17 ci-dessus, comme si la maison eût été construite avant l'établissement de la chaudière.

ART. 21. Indépendamment des mesures géné·· rales de sûreté prescrites au titre Ier de la déclaration prévue par les articles 10 et 11 du titre II, les chaudières à vapeur fonctionnant dans l'intérieur des mines sont soumises aux conditions spéciales fixées par les lois et règlements concernant l'exploitation des mines.

TITRE III.

Dispositions relatives aux chaudières des machines locomobiles et locomotives

ART. 22. Sont considérées comme locomobiles les machines à vapeur qui peuvent être transportées facilement d'un lieu dans un autre, n'exigent aucune construction pour fonctionner sur un point donné, et ne sont effectivement employées que d'une manière temporaire à chaque station.

ART. 23. Les chaudières des machines locomobiles sont soumises aux mêmes épreuves et munies des mêmes appareils de sûreté que les générateurs établis à demeure ; toutefois elles peuvent n'avoir qu'un seul tube indicateur du niveau de l'eau en verre. Elles portent en outre une plaque sur laquelle sont gravés, en lettres apparentes, le nom du propriétaire, son domicile et un numéro d'ordre, si le propriétaire en possède plusieurs.

Elles sont l'objet d'une déclaration adressée au préfet du département où est le domicile du propriétaire de la machine.

Art. 24. Aucune locomobile ne peut être employée sur une propriété particulière à moins de 5 mètres de tout bâtiment d'habitation et de tout amas couvert de matières inflammables appartenant à des tiers, sans le consentement formel de ceux-ci.

Le fonctionnement des locomobiles sur la voie publique est régi par les règlements de police locaux.

Art. 25. Les machines à vapeur locomotives sont celles qui, sur terre, travaillent en même temps qu'elles se déplacent par leur propre force.

Art. 26. Les dispositions de l'article 23 sont applicables aux chaudières des machines locomotives.

Art. 27. La circulation des locomotives sur les chemins de fer a lieu dans les conditions déterminées par des règlements d'administration publique.

Un règlement spécial fixera, s'il y a lieu, les conditions relatives à la circulation des locomotives sur les routes autres que les chemins de fer.

TITRE IV.
Dispositions générales.

Art. 28. Les ingénieurs des mines, ou à leur défaut les ingénieurs des ponts et chaussées, ainsi que les agents sous leurs ordres commissionnés à cet effet, sont chargés, sous la direction des préfets et avec le concours des autorités locales, de la surveillance relative à l'exécution des mesures prescrites par le présent décret.

Art. 29. Les contraventions au présent règlement sont constatées, poursuivies et réprimées conformément à la loi du 21 juillet 1856, sans préjudice de la responsabilité civile que les contrevenants peuvent encourir aux termes des articles 1382 et suivants du Code Napoléon.

Art. 30. En cas d'accident ayant occasionné la mort ou des blessures graves, le propriétaire ou le chef de l'établissement doit prévenir immédiatement l'autorité chargée de la police locale et l'ingénieur chargé de la surveillance.

L'autorité chargée de la police locale se transporte sur les lieux et dresse un procès-verbal qui est transmis au préfet et au procureur impérial.

L'ingénieur chargé de la surveillance se rend également sur les lieux dans le plus bref délai, pour visiter les chaudières, en constater l'état et rechercher les causes de l'accident. Il adresse sur le tout un rapport au préfet et un procès-verbal au procureur impérial.

En cas d'explosion, les constructions ne doivent point être réparées et les fragments de la chaudière rompue ne doivent point être déplacés ou dénaturés avant la clôture du procès-verbal de l'ingénieur.

Art. 31. Les chaudières qui dépendent des services spéciaux de l'État sont surveillées par les fonctionnaires et agents de ces services.

Leur établissement reste assujetti à la déclaration prévue par l'article 10 et à toutes les con-

ditions d'emplacement et autres qui peuvent in-
téresser les tiers.

Art. 32. Les conditions d'emplacement prescrites pour les chaudières à demeure par le présent décret ne sont point applicables aux chaudières pour l'établissement desquelles il aura été
satisfait à l'ordonnance royale du 22 mai 1843.

Art. 33. Les attributions conférées aux préfets des départements par le présent décret sont
exercées par le préfet de police dans toute l'é-
tendue de son ressort.

Art. 34. L'ordonnance royale du 22 mai 1843,
relative aux machines et chaudières à vapeur
autres que celles qui sont placées sur des bateaux,
est rapportée.

Art. 35. Notre ministre de l'agriculture, du
commerce et des travaux publics est chargé de
l'exécution du présent décret, qui sera inséré au
Bulletin des lois.

Fait au palais des Tuileries, le 25 janvier 1865.

NAPOLÉON.

Par l'Empereur :
*Le ministre de l'agriculture, du commerce
et des travaux publics,*

ARMAND BÉHIC.

DÉCLARATION AU PRÉFET.

Les chaudières des locomobiles-Calla ont subi les épreuves administratives, elles portent tous les appareils de sûreté exigés par la loi et sont en tous points disposées conformément aux prescriptions réglementaires.

Pour les machines demi-fixes sans roues ni train, placées à demeure sur pierre d'assise, nous faisons observer que les chaudières jusqu'au type de dix chevaux sont comprises dans la troisième catégorie ; et celles de dix à vingt-cinq chevaux appartiennent à la deuxième catégorie. — Les machines montées sur roues rentrent dans la classe des locomobiles.

MM. Chaligny, Guyot-Sionnest et Cte délivrent avec la machine un dessin de la chaudière indiquant sa forme et ses principales dimensions. L'acheteur devra le joindre à sa déclaration au préfet.

Formule de la déclaration au Préfet.

Le modèle suivant est conforme aux prescriptions de l'article 2 du décret :

Je soussigné *(nom, prénoms et profession du signataire)*, demeurant à *(adresse et domicile)*, ai l'honneur de déclarer à M. le préfet du *(le nom du département)*, que je viens d'installer dans mes ateliers, situés *(appellation précise du lieu)*, commune *(nom de la commune)*, une machine à vapeur de la force de   chevaux, numérotée *(mettre le numéro de fabrication)*, achetée par moi chez MM. Chaligny, Guyot-Sionnest et Cie (maison Calla), ingénieurs-constructeurs, rue Philippe-de-Girard, 54, à Paris.

Cette machine est de la forme (*loco mobile ou demi-fixe ou fixe*), la chaudière a une capacité de (*voir à la légende du dessin délivré avec la machine*) litres ; elle présente une surface de chauffe de (*voir au dessin*) mètres carrés.

Le timbre exprime une pression effective maximum de six kilogrammes par centimètre carré.

Cette machine est destinée à la fabrication de (*genre d'industrie*).

(*Dater et signer*).

Cette déclaration écrite sur papier timbré, la signature dûment légalisée, doit être enregistrée à sa date et adressée au préfet qui en donne acte.

A PARIS, par exception, la déclaration est envoyée au préfet de police.

AVIS.

MM. CHALIGNY, GUYOT-SIONNEST et **C**ie recommandent à leur clientèle, outre leurs machines à vapeur locomobiles ou demi-fixes, les machines-outils propres au matériel des usines et des ateliers de chemins de fer, les grues diverses, treuils, à bras, ou à vapeur, les sonnettes à vapeur pour le battage des pieux, les machines briques et à tuyaux de drainage, les pétrins à vapeur système Lebaudy, etc., qui composent leur fabrication courante. Ils se chargent également de l'étude et de la construction des machines nouvelles, de l'installation mécanique des usines, des transmissions de mouvement, de la construction du matériel fixe des chemins de fer, etc.

Un atelier de Chaudronnerie très-bien outillé permet une fabrication soignée, rapide et économique de tout appareil en cuivre, en tôle de fer ou d'acier.

PARIS. — IMP. A. CHAIX ET C', RUE BERGÈRE, 20. — 6104-9.

9 782329 605883